浪花朵朵

从开始到现在

[英]安娜·克莱伯恩 著

[比]扬·范德维肯 绘

谭超 译

万物简史

海峡出版发行集团 | 海峡书局
THE STRAITS PUBLISHING & DISTRIBUTING GROUP

（万物的）时间线

大爆炸！！！

138亿年前—46亿年前

宇宙开始形成，从起初的一个小点，膨胀后形成了恒星和星系，其中包括我们所在的银河系。

第4页

我们的太空家园

46亿年前

太阳、地球以及其他行星形成了，太阳系也形成了。

第6页

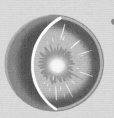

早期的地球

45亿年前—40亿年前

早期的地球从一个无法居住的炙热岩质行星，逐渐演化为生命诞生的摇篮。

第8页

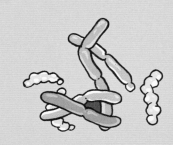

生命起源

40亿年前—5亿年前

从最初的简单细胞到鱼类，早期演化打开了地球生命的大门。

第10页

进军陆地

5亿年前—2.5亿年前

生命摆脱水的限制，向着干燥的陆地迈出了第一步。

第12页

恐龙时代

2.5亿年前—6000万年前

巨大的爬行动物不仅遍布陆地，还统治着天空和海洋。

第14页

哺乳动物的崛起

6000万年前—600万年前

恐龙灭绝之后，其他动植物逐渐恢复生机，哺乳动物接管了地球。

第16页

第一批人类

600万年前—12000年前

我们的人类祖先与其他猿类一同演化，足迹遍布整个星球，并建立了新的生存方式。

第18页

定居

12000年前—6000年前

人类安顿下来，建立了早期定居点，并开始种植庄稼、饲养动物。

第20页

城市、文明与帝国

公元前4000年—公元500年

随着改变世界的发明的出现和强大的超级帝国的演变，早期人类社会变得更为复杂。

第22页

科学、艺术与探索

公元500年—17世纪

这是一个探索和发明创造的时代，冒险家们开辟航路不断远行，艺术与科学在世界各地繁荣兴盛。

第24页

工业革命

18世纪—19世纪40年代

英国的工业化迅速蔓延到全世界，永远地改变了人们的生活方式。

第26页

科学技术

19世纪40年代—20世纪40年代

新兴的革命性产业引领了一个创新的世纪的到来，包括从载人飞行到电子通信和计算等各个领域百花齐放。

第28页

现代

1940年代至今

技术创新塑造了我们当今的世界以及即将面临的未来。

第30页

大爆炸！！！

很久很久以前，在大约138亿年前，宇宙形成于一场爆炸。它从一个极小的点，突然膨胀成为一团巨大的包含能量和物质粒子的云，我们称这一现象为"大爆炸"。不过这并不是我们常见的真实的"爆炸"，它是一次非常快速、突然的膨胀。

宇宙并不是膨胀到一个已经存在的空间之中。所有的空间都是存在于那个小点之内的。这次早期的膨胀，即宇宙大爆炸，是时间和空间的开始。

1.5亿年：
宇宙由黑暗的气体云组成，主要成分是氦和氢。

38万年：
原子开始形成，电子围绕着原子核运动。

3分钟：
简单的轻元素的原子核开始形成。

一亿分之一秒：
物质粒子形成。

0秒：
大爆炸
（时间的开始）。

氢原子

氦原子核

氢原子核

氦原子

电子

中子

质子

我们如何知晓？

通过望远镜，我们可以看到宇宙中的恒星和星系正在彼此远离。倒推回去的话，科学家们认为，这意味着宇宙一定在很久以前就开始膨胀了，并且曾经只是一个点。我们还可以探测到宇宙微波背景辐射。这是一种充满宇宙的微弱辐射，是大爆炸期间释放的巨大能量的遗留产物。

回看过去

宇宙是如此之大，以至于光也要花上数百亿年才能穿过它。所以，当我们通过望远镜观测遥远的星系时，事实上我们看到的是它们过去的样子，因为到达我们眼睛的光线是它们在数十亿年前发出的。2016年，美国航空航天局（NASA）的哈勃空间望远镜观测到了一个星系：GN-z11，它是当时人类观测到的最遥远的星系，距地球134亿光年。（如今这个纪录已经被最新观测到的JADES-DS-z13-0打破。——编者注）

2亿年：
引力使气体云逐渐聚集。它们形成了由氦和氢组成的致密球体：第一批恒星。当恒星内部的气体分子发生核聚变，释放出能量时，恒星发出了光。

4亿年：
恒星本身也因引力而聚集。它们开始形成巨大的星团，称为"星系"。星系吸引了更多的气体和尘埃，形成了更多的恒星。

10亿年：
其中一个星系从一个球状星团开始，然后向外旋转，形成一个宽而平的、带有旋臂的圆盘状星系。这就是将要成为我们的家园的星系，我们现在称它为"银河系"。

我们的星系

我们所在的银河系，形状像个圆盘，直径有约15万光年。也就是说，光从银河系的一端走到另一端需要15万年。圆盘的厚度大约有1000光年。当我们仰望夜空中的银河时，是从接近这个旋涡状圆盘一端边缘的位置来看的。

在地球上，我们可以看到银河系中的其他星星。银河系最厚的部分看起来像横跨夜空的一条星带。古代的西方人认为这是一条牛奶铺成的河或路，所以给银河起了个形象的英文名，叫作"Milky Way"（牛奶路）。

我们的主星太阳，还有以它为中心的太阳系，是在很久以后形成的，距今大约46亿年。

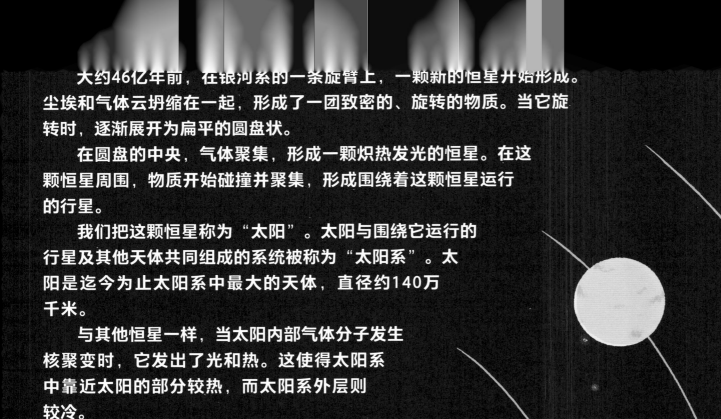

大约46亿年前，在银河系的一条旋臂上，一颗新的恒星并始形成。尘埃和气体云坍缩在一起，形成了一团致密的、旋转的物质。当它旋转时，逐渐展开为扁平的圆盘状。

在圆盘的中央，气体聚集，形成一颗炽热发光的恒星。在这颗恒星周围，物质开始碰撞并聚集，形成围绕着这颗恒星运行的行星。

我们把这颗恒星称为"太阳"。太阳与围绕它运行的行星及其他天体共同组成的系统被称为"太阳系"。太阳是迄今为止太阳系中最大的天体，直径约140万千米。

与其他恒星一样，当太阳内部气体分子发生核聚变时，它发出了光和热。这使得太阳系中靠近太阳的部分较热，而太阳系外层则较冷。

卫星
大多数行星都有卫星，卫星是围绕着行星运行的较小的类星天体。地球只有1颗卫星，木星和土星的卫星则都超过了60颗。

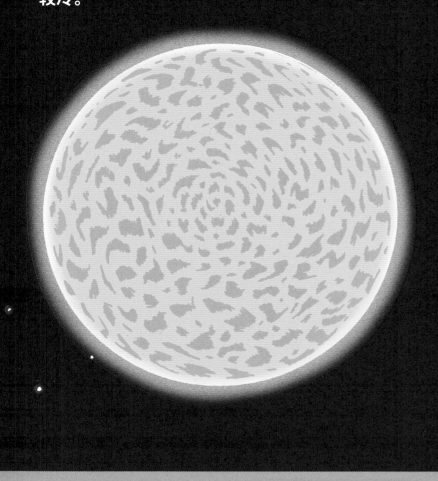

岩质行星

在太阳附近，只有在高温下呈固态或液态的元素才能聚集在一起形成行星。因此，在太阳附近形成的行星是由岩石和金属组成的，例如硅和铁。这些行星属于类地行星——水星、金星、地球和火星——它们形成于太阳系诞生约1亿年之后，比气态巨行星要晚得多。

水星
离太阳最近的行星，是太阳系中最小的行星。

金星
这颗炽热的行星上遍布火山，它自转非常缓慢。因此，在金星上，太阳每117个地球日才升起一次。

地球
这颗含水量丰富而温暖的星球，是生命、文明和历史终将诞生的地方。

火星
由于其地表岩石的颜色，火星也被称为"红色星球"。

小行星
在火星和木星之间，有着数以百万计的小行星，它们是残留的星子碎块，在小行星带上围绕着太阳运行。

太阳系外围

太阳和行星并不是太阳系的全部。在遥远的外围，数百万的小天体在柯伊伯带（Kuiper Belt）内围绕太阳运行。在更远的地方，一个巨大的由冰星子组成的球状云团——奥尔特云（Oort Cloud），包围着太阳系。

彗星
彗星是由冰冻气体和尘埃组成的小球体，来自寒冷的太阳系外缘。它们也环绕太阳运行。

气态和冰态巨行星

在更远的地方，更大的行星由水或甲烷等冰冻物质组成，被浓厚的大气层所环绕。它们是气态巨行星——木星和土星，以及冰态巨行星——天王星和海王星。木星和土星最早形成，大约在太阳系形成后1000万年。

木星
太阳系中最大的行星，是一颗带着旋涡的浅黄色气态巨行星。

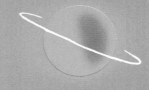

土星
以其宽阔的行星环而闻名。木星、天王星和海王星也有行星环，但要暗得多。

天王星
冰态巨行星天王星和海王星在太阳系诞生大约9000万年后形成。

海王星
海王星离太阳如此之远，它需要164.8个地球年，即一个"海王星年"，才能完成一次公转。

早期的地球

　　早期的地球并不是我们今天熟悉的这个郁郁葱葱的蓝绿色星球。在它诞生最初的5亿年里，上面没有植物、动物或其他生物。那是一片毫无生气的荒芜土地。这一时期被称为"冥古宙"（意思是地狱冥府般的时代）。

　　与其他行星一样，地球最初是由围绕着新生太阳运行的物质形成的。这些物质相互聚集成团，越聚越大，引力也越来越强，吸引了更多的物质，并把这颗新的行星拉扯成了球的形状。

　　早期的地球非常热。在它的内部，熔融的铁等较重的物质下沉到星球中央，成为地核。较轻的岩石分布在地核外面，形成地幔。在它的表层，岩石开始冷却成坚硬的地壳。但是，就在地球开始成形的时候，一场灾难性的事件改变了我们星球的未来……

地核
在地球诞生初期，它的内部形成了不同的几层。铁等较重的物质沉入中间，被熔融的岩石地幔和表层的硬化地壳所包围。

大冲撞！

　　45亿年前，一颗差不多有火星大小的小行星忒伊亚（Theia）撞上了地球。撞击产生的能量使这两颗行星熔化并结合在了一起。大量的岩石飞入太空，最终聚集在一起，形成了地球的卫星——月球，它在距离地球约384400千米的轨道上运行。

早期的地球是什么样子？

　　早期的地球上没有可供生命生存的环境。它的温度很高，可达230℃。早期的大气层无法阻挡强大的太阳辐射，也几乎不含动物呼吸所需要的氧气。这时的地球也是一个危险的地方，经常受到环绕在早期太阳系周围的小行星和彗星的撞击。

水世界

今天，海洋覆盖了70%以上的地球表面。这些水是从哪里来的？首先，在大约43亿年前，火山喷发出的气体中就含有水蒸气。其次，许多撞上地球的小行星和彗星里也富含水分。早期的地球上温度很高，水以水蒸气的形式存在。但随着地球的冷却，水蒸气开始凝结成液体，形成了早期的海洋。

地壳和板块

今天的地壳上有着大陆、山脉和土壤，而44亿年前则完全不同。当时的地壳是一层薄薄的岩石，熔岩不断地从下面喷发出来。经历了几百万年的时间，地壳逐渐冷却、变厚。炽热的熔岩在它下面流动翻滚，形成了最初的构造板块——不断移动变化的一部分地壳。这些早期的板块和今天地球巨大的构造板块相比要小一些。

生命起源

　　大约40亿年前的某个时候，地球上出现了第一个微小的、简单的生命形式。我们无法确切知道它是在哪儿或怎么出现的，只有几种理论推测。有一种说法认为，生命细胞可能是通过小行星或彗星到达了地球。但主流的观点是，含有各种化学物质的混合物结合在一起，形成了最初的简单细胞。

　　生命需要几种化学物质才能运作，包括脂肪、糖和生成蛋白质的氨基酸。在闪电、小行星撞击和太阳紫外线的影响下，这些物质可能都已经通过化学反应在地球上形成了。

　　生命也需要水，所以它可能最早形成于一个温暖的池塘或泥潭之中，那里聚集了各种合适的化学物质。这种创造了生命的混合物有时被称为"原始汤"。

植物

真菌

动物

第一个细胞

　　细胞是生命的基本单位。它们外面有一层膜，包裹着一串可以制造蛋白质并自我复制的链状化学物质，通常就是DNA（脱氧核糖核酸）。但在最初的细胞中，它可能是一种类似DNA但更简单的物质，叫作RNA（核糖核酸）。DNA出现得稍晚，它可能取代了RNA，因为它更稳定，更不容易被破坏。

共同祖先

　　今天地球上的所有生物都是由同一套含DNA的细胞系统构建的。尽管动物和植物细胞比最早的细胞要复杂得多，但它们的基本构造是相同的，并且都通过自我复制来运作。这意味着，地球上所有的生命都由一个以DNA为基础的早期细胞演化而来。虽然我们不知道它具体是什么，但它被称为"露卡"（LUCA，即the Last Universal Common Ancestor的缩写，意为"最后的共同祖先"）。

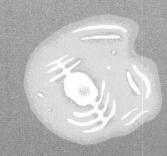

真核细胞

真核细胞具有一个控制中心——细胞核，以及一些微型"器官"——细胞器。它们演化出了动物、植物和真菌。

大约27亿年前，早期细胞演化成为较简单的古菌、细菌，以及较复杂的真核细胞。

最早的生命细胞

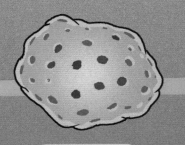

最后的共同祖先

古菌与细菌

早期演化

在40亿到5亿年前，随着早期生命一次次地自我复制，演化开始了。演化是由基因突变导致的，突变是由RNA或DNA复制时可能出现的错误造成的。日积月累，新的生命形式像树枝分叉一样从原物种中分离出来，形成了越来越多的生物类型，也就是新物种。

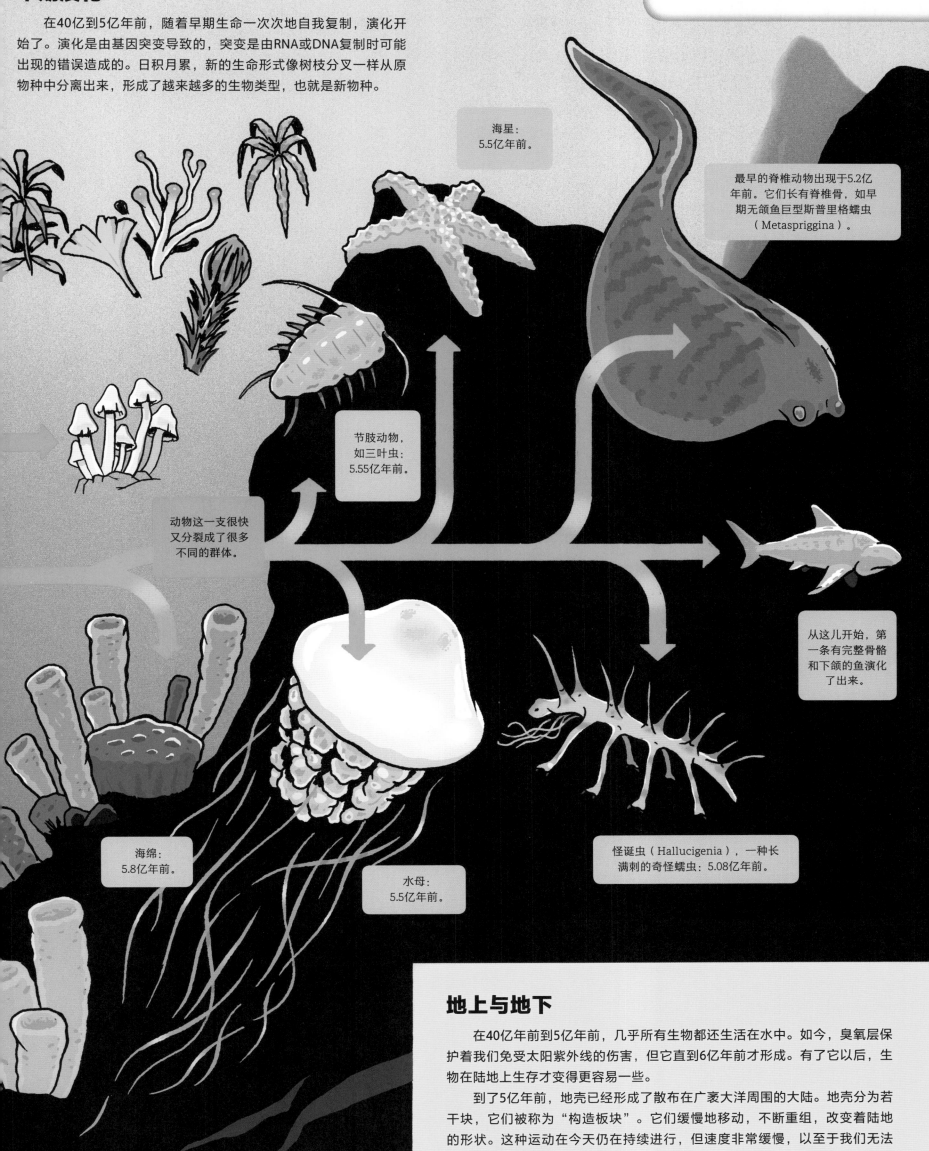

海星：
5.5亿年前。

最早的脊椎动物出现于5.2亿年前。它们长有脊椎骨，如早期无颌鱼巨型斯普里格蠕虫（Metaspriggina）。

节肢动物，如三叶虫：
5.55亿年前。

动物这一支很快又分裂成了很多不同的群体。

从这儿开始，第一条有完整骨骼和下颌的鱼演化了出来。

海绵：
5.8亿年前。

水母：
5.5亿年前。

怪诞虫（Hallucigenia），一种长满刺的奇怪蠕虫：5.08亿年前。

地上与地下

在40亿年前到5亿年前，几乎所有生物都还活在水中。如今，臭氧层保护着我们免受太阳紫外线的伤害，但它直到6亿年前才形成。有了它以后，生物在陆地上生存才变得更容易一些。

到了5亿年前，地壳已经形成了散布在广袤大洋周围的大陆。地壳分为若干块，它们被称为"构造板块"。它们缓慢地移动，不断重组，改变着陆地的形状。这种运动在今天仍在持续进行，但速度非常缓慢，以至于我们无法察觉。

进军陆地

　　没有人知道是谁首先成功登上陆地的。也许在数十亿年前，一些古老的细菌和霉菌就从海洋或湖泊中被冲上岸，或者从间歇泉中被喷出来，然后就在附近生存了下来。在大约5亿年前，随着更多生物进入陆地，陆地成了演化的主战场。最早的植物都是水生植物，它们生活在水中，但植物需要阳光才能生长，所以它们必须靠近水面。到了5亿年前的时候，早期的黏土在陆地上聚集起来，方便了一些植物逐渐向岸上蔓延。在陆地上，它们可以获得更多的阳光和生长空间。

　　这些陆生植物既向大气中释放了氧气，又为动物提供了食物。这两样都为动物在陆地上繁衍铺平了道路。

有些植物长得越来越高大，变成了早期的树木，例如这棵苏铁。

到3.6亿年前，像这样的蕨类植物在陆地上已经很常见了。

最早的陆生植物

　　5亿年前，第一批陆生植物长得低矮扁平，有点儿像今天的苔藓。大约5000万年后，一类像库克逊蕨（Cooksonia）这样的植物演化得更强壮，它们已经可以不借助水的浮力自己直立起来。

大约4.1亿年前，一些昆虫演化成为第一批会飞行的生物。

最早的陆生动物

　　最早的陆生动物是约4.5亿年前的节肢动物：蜈蚣、马陆和蝎子。它们那带关节的腿帮助它们走出水面，在陆地上运动，其坚固的外骨骼也防止它们在空气中脱水干燥。千百万年来，昆虫、蜘蛛以及其他奇形怪状的小爬虫主宰了陆地，有些甚至演化出了巨大的体形。

节胸蜈蚣（Arthropleura）是一种巨大的马陆，体长可达2.5米。

冰河时期

植物可以吸收二氧化碳并释放氧气。当它们的足迹扩散到陆地上时，它们就给地球大气层增加了大量氧气。二氧化碳具有保温作用，而氧气却没有。这导致地球在大约4.4亿年前变冷，进入冰河时期——这是地球历史上多次变冷或变暖中的一次。

一些四足动物演化成看起来像蜥蜴的主龙类，它们是恐龙的祖先。

与此同时，在海里……

当一些生物占领陆地时，另一些生物仍待在海里继续演化。在5亿至2.5亿年前，全球的水域中畅游着许多神奇的生物。

四足动物

3.6亿年前，鱼类在水中继续演化，发展出了坚硬的骨骼和鳍。其中一些开始用鳍在较浅的海床上"行走"，随后演化成一类被称为"四足动物"的动物。顾名思义，这类动物有四条腿。起初，它们可能只是偶尔到陆地上寻找食物或躲避捕食者。渐渐地，其中一些逐渐演化为最初的两栖动物，然后又成为

4.5亿年前，最早的鲨鱼出现了。胸脊鲨（Stethacanthus）是一种长相奇特的早期鲨鱼，它们背鳍顶部的高台上长着牙齿状的鳞片。

恐龙时代

最著名的史前时代要数恐龙时代了。它持续了大约1.85亿年，其间生活着超过700种不同的恐龙。但这种众所周知的陆地爬行动物并不是那个时代唯一的闪光点，爬行动物同时也主宰着天空和海洋。这一时期被称为"中生代"。它主要分为三个时期：三叠纪（2.52亿—2.01亿年前）、侏罗纪（2.01亿—1.45亿年前）和白垩纪（1.45亿—6600万年前）。

在空中

在恐龙时代的初期，一些类似蜥蜴的小型动物演化出了像蝙蝠一样由皮膜组成的翅膀。它们变成了翼龙——一种会飞的爬行动物。时过境迁，其中一些变得十分巨大。

长头无齿翼龙
（Pteranodon longiceps）
8500万—7500万年前

沛温翼龙
（Preondactylus）
2.15亿—2亿年前

乌因库尔阿根廷龙
（Argentinosaurus huinculensis）
最大的恐龙，9700万—9300万年前

在陆上

要注意的是，虽然人们通常认为这是"恐龙时代"，但和其他动物一样，不同的恐龙会在不同的时间出现和灭绝，它们并不全是同时存在的。它们大小不一，并不都是体形巨大的。同时，这一时期也出现了许多新的植物。丰富的植物为恐龙提供了食物，帮助它们繁衍生息。随着时间的推移，恐龙的体形越来越大。

始盗龙
（Eoraptor）
2.37亿—2.28亿年前

棘龙
（Spinosaurus）
9500万—7500万年前

板龙
（Plateosaurus）
2.29亿—2亿年前

在水里

与此同时，爬行动物在海洋中演化出了很多水生类群，其中一些也具有巨大的体形。

鱼龙
（Ichthyosaur）
2.32亿—2.12亿年前

阿尔伯塔泳龙
（Albertonectes）
8300万—7000万年前

克柔龙
（Kronosaurus）
1.45亿—1亿年前

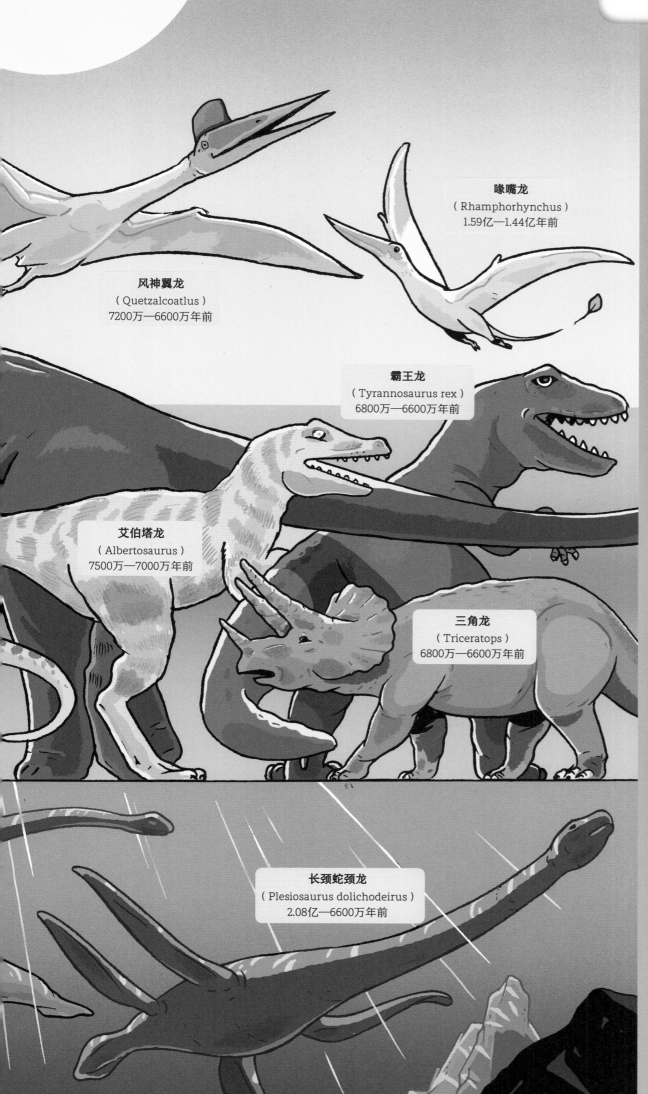

风神翼龙
（Quetzalcoatlus）
7200万—6600万年前

喙嘴龙
（Rhamphorhynchus）
1.59亿—1.44亿年前

霸王龙
（Tyrannosaurus rex）
6800万—6600万年前

艾伯塔龙
（Albertosaurus）
7500万—7000万年前

三角龙
（Triceratops）
6800万—6600万年前

长颈蛇颈龙
（Plesiosaurus dolichodeirus）
2.08亿—6600万年前

那么，恐龙怎么了？

大约6600万年前，一颗巨大的小行星撞击了地球，位置在现在的墨西哥附近。这引发了全球范围的巨大海啸、地震和火山爆发。大量的火山灰遮蔽了天空，使得气候变冷。阳光的缺乏使植物死亡，导致世界范围的食物短缺。许多生物都灭绝了，尤其是体形较大的生物。这一事件现在被称为"白垩纪末大灭绝"（KT mass extinction）。它让那时候尚存的所有恐龙都灭绝了。

谁是幸存者？

在恐龙时代早期，像始祖鸟这样的类鸟恐龙已经演化成最早的真正的鸟类。一些早期鸟类在大灭绝中幸存下来，后来成为我们今天所认识的鸟类。

一些较小的爬行动物也幸存了下来，它们演化成了现今的爬行动物，如鳄鱼、蜥蜴和蛇。

鱼类、鱿鱼和许多其他海洋生物幸存了下来，包括一些水生爬行类。

占了体形小的便宜，许多昆虫及其他怪异的爬虫也得以继续前行。

一些小型哺乳动物也在大灭绝中幸存下来。它们将在之后的日子里崭露头角，为接管这个世界做准备……

哺乳动物的崛起

　　大约6000万年前，即恐龙灭绝600万年后，植物恢复了生机并再次繁盛起来，为动物的繁衍提供了食物。

　　哺乳动物演化出来许多新的物种，它们取代了恐龙的位置。许多我们今天熟悉的哺乳动物都是在这时候出现的，例如猫、蝙蝠和马。这一时期被称为"新生代"，或"哺乳动物时代"。

　　大约5500万年前，一类不同寻常的哺乳动物发展起来。它们的眼睛移向脸的前部，鼻子变小，大脑增大。它们的胳膊和腿上长出了类似手的部位，对爬树很有用。这些动物就是灵长类动物，是人类的早期祖先。

最早的灵长类
出现于3000万年前的埃及猿（Aegyptopithecus）是一种早期灵长类动物，它可能是人类的早期祖先之一。

重回海洋
一些原本毛茸茸的小型陆生哺乳动物开始逐渐适应水中生活。它们最终演化成了矛齿鲸（Dorudon）这样的物种。这就是早期鲸类，一类如鲸和海豚这样的海洋哺乳动物。

什么是哺乳动物？

　　与恐龙一样，哺乳动物也是由三叠纪的早期爬行动物演化而来。爬行动物具有带鳞片的皮肤，后来又演化出了羽毛，而哺乳动物则演化出了毛茸茸的毛发。哺乳动物体温恒定，可以保持高于外界环境温度的体温，并且母体用乳汁喂养幼崽。

食肉动物
一些早期哺乳动物演化成了像黄鼠狼一样的猎手。它们是狗、猫、熊等食肉动物的祖先。黄昏犬（Hesperocyon）是早期的狗之一，出现于约3600万年前。

哺乳动物中的巨兽

大约6000万年前，一个哺乳动物的主要类群出现了：有蹄类。它们主要以植物为食，大多数体形都非常巨大。

巨角犀（Megacerops）：体长5米
这种动物的鼻子上有两个圆柱形的角，与今天的一些犀牛相似。

巨犀（Paraceratherium）：体长7.5米
一种巨型长颈动物，就像犀牛和长颈鹿的混合体。

安氏兽（Andrewsarchus）：体长3—4米
一种大型食肉动物，有巨大的头与下颌。

完齿兽（Entelodont）：体长3米
又称"终结者猪"，它们是类似于猪一样的巨兽。

飞行哺乳动物
大约5300万年前，蝙蝠，如伊神蝠（Icaronycteris）首次出现，它们是唯一真正能飞的哺乳动物。这是继昆虫、翼龙和鸟类之后，地球历史上动物第四次演化出飞行的能力。

小型哺乳动物
行动迅速的小型啮齿类动物在白垩纪末大灭绝后不久迅速演化出来，例如壮鼠（Ischyromys）。即便是古老的啮齿动物，看起来也和现代的啮齿动物——比如老鼠和松鼠——非常相似。

花的时代

许多种植物在白垩纪末大灭绝中消失了。而当植物恢复生机后，演化出了新的有花植物和树木。随后，这些植物便开始主宰地球。它们的花、果实、种子和花粉为昆虫和鸟类提供了更多的食物，帮助其繁衍生息。一些植物开始依靠昆虫或蝙蝠为它们授粉。

第一批人类

大约在600万到400万年前，人类的祖先出现了。它们是一种猿，属于哺乳动物中的灵长类。人类后来主宰了世界，但其间经过了许多阶段，猿才演化为今天的人类。

早期人类有很多种。有些人认为人类是从黑猩猩演化来的，然而并非如此。事实上，人类与其他猿类是从更早的共同祖先分别演化而来的。现代的人类——智人最早出现在30万年前到20万年前。一直到大约3万年前的时候，地球上还存在着好几种不同的人类，而我们是最后仅存的。

人类的特征

在600万年前到20万年前的这段时间里，人类在演化的过程中发生了许多变化，使我们与其他动物具有明显区别。下面的图显示了这些不同之处。

大脑变得更大，结构更复杂。

下巴和牙齿变得更小，一些能力越来越退化。

大部分浓密的体毛消失了。

使用双手变得更熟练，更擅长精巧、细致的动作。

人类待在树上的时间减少，更多是在地面上活动，开始了直立行走。

人类族谱

时至今日，我们依旧无法确切知道所有人科物种是如何联系在一起的，但这棵树显示了一种可能性。

共同祖先

猩猩

大猩猩

黑猩猩

南方古猿

傍人

能人

佛罗勒斯人

直立人

丹尼索瓦人

尼安德特人

智人

遍布全球

化石显示，最早的人类出现在东非，在大约200万年前，他们的足迹开始扩散到欧洲和亚洲，并从俄罗斯远东地区跨越陆桥进入美洲。到12000年前，现代人类已经到达了地球的大部分地区。

石器时代的生活

石器时代的人们生活在洞穴中，不过因为他们基本上没什么毛发了，所以会用石头、树枝或动物皮搭建庇护所来保暖。他们已经学会了生火，这让他们能保护自己的安全并在较冷的气候中保持温暖，还能烹饪食物。他们会一起捕猎水牛这样的大型动物，以获得肉和兽皮。

15000年前，人们就开始带着宠物狗一起生活了。它们由野狼驯化而来。

女性和儿童大多都去采集可食用的植物，很少去打猎。

人类的习性

到大约12000年前，人类可能还在以较小的群体生活。他们狩猎和捕鱼以获取食物，并采集坚果、蘑菇和浆果等作为补充。聪明的大脑和勤劳的双手帮助他们制造出工具及其他发明。他们使用语言来交流，还创造了美术和音乐。

艺术史

史前艺术在世界各地都有发现，最早的可以追溯到古老的石器时代。

75000年前
布隆伯斯串珠

由贝壳做成的串珠，也许是用来做项链的，来自南非的布隆伯斯洞穴（Blombos Cave）。

4万年前
狮人雕像

一个用猛犸象牙雕刻而成的狮头人身像，发现于德国的一个洞穴中。

17000年前
拉斯科洞窟壁画

画有人和动物形象的绘画，发现于法国拉斯科洞穴（Lascaux Cave）中。

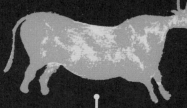

定居

数十万年来，早期人类以小规模群体为单位，四处漂泊。大约12000年前，在最近一次冰河时期结束之后，一个崭新的时代开始了。

人们开始种植植物作为食物，并养殖牲畜，再也不必去野外捕猎。事实证明，这是一种更容易、更稳定的获取充足食物的方式，因此，许多人定居在固定的村庄里。

人类靠这种新的农业生活方式繁衍兴盛起来。他们现在可以抚育更多的孩子，有了更多的空闲时间。新的手工技术随之出现，例如陶器的制作。同时，人们也有了更多的发明和发现，例如掌握了金属加工技术以及编织技术。

农业的发展

农业起源于气候温暖、阳光和雨水充足的地方，例如中东的新月沃地（Fertile Crescent），以及中国的黄河和长江流域，然后逐渐传播到了世界各地。

非洲：高粱

南美洲：土豆

村落生活

最早的人类定居点通常靠近河流或泉水，方便人们获取水源，定居点周围围绕着农耕区和畜牧区。例如，位于土耳其的一个叫加泰土丘（Çatalhöyük）的村落就是这样，它大约形成于9400年前，至今仍然存在！

贸易和货币

早期人类开展贸易已有数千年的历史，他们常会相互交换一些有用的物品。大约9000年前，随着农业的发展，人们开始使用牲畜（如牛和山羊）和谷物（如大麦）作为最早的货币。

加泰土丘建在一座可以俯瞰平原的小山上。

人们把谷物磨成面粉，揉成面团，然后做成一种简单的面饼。

新月沃地：大麦　　黄河：小米　　长江：大米　　新几内亚：芋头

房子挤在一起，没有道路。人们只能翻过屋顶，爬进自己的家。

最早的住宅

世界各地的建筑风格各不相同，这取决于当地可用的建筑材料。

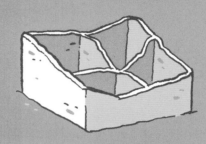

在巴基斯坦的梅赫尔格尔（Mehrgarh）发现了一座有8000年历史的村庄，里面有用泥砖砌成的立方体形状的房屋，每个房屋内有四个房间。

在中国的半坡遗址中，房屋建在地上的浅坑之中，墙壁由木杆和泥土制成，屋顶由茅草架设。

位于苏格兰奥克尼（Orkney）的霍沃尔小山（Knap of Howar）有两座用石板建造的椭圆形房屋。它们的屋顶可能是用柱子支撑的草皮屋顶。

选择育种开始了。人们挑选出品质优良的植物进行播种，用品质优良的动物进行繁殖。长期的选择育种将野生动植物逐渐驯化为适合农业生产的品种。

21

城市、文明与帝国

从大约6000年前开始，世界上一些地区的早期社会变得更加先进和复杂。那里的人们建造了最早的城市，推举出了国王和女王，建立了军队和书写系统。

最早的城市可能出现在古代美索不达米亚的苏美尔（今伊拉克和科威特），那里也是农业的起源地之一。苏美尔的城市包括乌鲁克（Uruk）、乌尔（Ur）和埃利都（Eridu）等。这些城市的中心是一些大型建筑，如寺庙和宫殿，周围环绕着较小的房屋，再往外是农田。

乌尔的山岳台（月神台），这是一种苏美尔人的神庙。

城市的中心是皇宫和陵墓。

这里展示的是约公元前2000年，苏美尔城市乌尔的一部分场景。

周围的城墙保护这座城市免受侵略者的侵扰。

改变世界的发明

这个时代产生了各种各样的重要发明，其中有许多沿用至今。

在大约公元前3500年，苏美尔人首先使用了轮子，轮子是一种极为有用的发明。

大约公元前2000年，在现今墨西哥的位置，人们可能已开始用可可豆来制作巧克力饮料。

最早的硬币被认为是约公元前600年在吕底亚（Lydia，现今的土耳其西北部）铸造的。

目前普遍认为，最早的纸出现在中国的西汉时期，由破旧的麻布等材料制成。

历史从这里开始！

当然，地球已经有很长的历史了。但是，严格地说，历史是指被记录下来的东西——为此，你需要书写。书写系统始于约5500年前(公元前3500年)的苏美尔，但也在其他地方被独立发明出来。最早的书写系统会使用一些小的符号和图形来代表文字。

日
早期苏美尔楔形文字
公元前3500年

水
古埃及象形文字
公元前3300年

雨
商代甲骨文
公元前1250年

住宅和作坊是用泥砖和泥灰浆建造的。

权力与控制

城市和它的领袖通常控制着周边大片土地，而一座大城市则需要一位强大的统治者，因此最早的国王和女王也是这个时期出现的。大约4300年前，阿卡德的国王萨尔贡（Sargon）成了早期组建常备军的领导人之一。他用这支精锐之师征服了大片土地，包括其他城市，建立了阿卡德帝国。更多的帝国也在世界各地形成，它们在历史的长河中扩张、收缩或灭亡。

古埃及文明

公元前3100年—公元前30年
在北非，靠近苏美尔文明的地方，古老帝国埃及形成了。古埃及有许多城市，古埃及人在建筑、医学、写作和海上探险方面都很先进。

米诺斯文明

公元前2700年—公元前1100年
克里特岛上居住着神秘的米诺斯人。他们在古希腊时代之前统治着地中海。他们是聪明的水手，据说每个人都练习过跳牛的仪式。

商代文明

公元前1600年—公元前1046年
商代是中国历史上的第二个朝代，统治着中国东部的大片地区。他们制造出了优秀的青铜器、战车、日历，发明了书写系统，拥有辉煌的成就。

奥尔梅克文化

公元前1500年—公元前400年
奥尔梅克（Olmec）文化位于今天的墨西哥。"奥尔梅克"的意思是"橡胶之乡的人"——当地人从橡胶树上提取橡胶，并与其他人进行交易。他们还以精湛的雕刻技艺闻名。

古罗马文明

公元前800年—公元500年
这个强大的帝国疆域辽阔，它以现今意大利的罗马为中心，占据了非洲、中东和欧洲的大片土地。它具有令人惊叹的建筑、复杂的军队编制以及伟大的作家和艺术家。

科学、艺术与探索

在接下来的1000年里，全世界的人们不断进行研究、实验、创造和探索，带来了科学、艺术和文化的变革。

从13世纪到16世纪，商人和探险家开始踏上更长的旅途，寻找新的贸易路线，发现新的土地，或者只是为了探索广袤的远方。几千年来散布世界各地的人类群体首次开始相互接触。

探索之旅

1271年—1295年：威尼斯商人马可·波罗（Marco Polo）在亚洲进行了24年的冒险，后来写出了他的游记。

1325年—1354年：摩洛哥学者伊本·白图泰（Ibn Battuta）探索了伊斯兰世界，并访问了欧洲、亚洲和非洲。

1405年—1433年：中国外交官郑和带领使团7次下西洋，向西航行，环绕亚洲，最远到达非洲。

1519年—1522年：葡萄牙探险家费迪南德·麦哲伦（Ferdinand Magellan）担任了第一次环球航行的船长（尽管他本人在中途去世）。

伊斯兰黄金时代
8—13世纪

伊斯兰学者撰写了医学、外科学、化学和代数方面的书籍。在那个年代，知识受到人们的广泛尊重。天文学家研究了太阳、月亮、行星和恒星。数学家们将阿拉伯数字系统推广到欧洲。

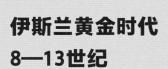

中国的科学革命
7—15世纪

在中国唐宋时期，国家鼓励科学技术的创新及思想交流。中国人在7世纪发明了烟花。到了10世纪，他们用天花痂皮制造了一种早期的疫苗来对抗天花这种疾病。

大发现时代

大约在公元1000年，冰岛探险家雷夫·埃里克森（Leif Erikson）航行到现今加拿大的海岸，成为第一个发现北美地区的欧洲人。不过，之后的故事永远改变了美洲大陆的发展史。在1492年至1502年间，意大利探险家克里斯托弗·哥伦布（Christopher Columbus）数次穿越大西洋向西航行，发现了美洲新大陆，随后欧洲便开启了对美洲的入侵与殖民进程。

奴隶贸易

从远古时代起，某些社会中的一些人就会把另一些人当作奴隶。16世纪时，随着贸易和探险范围的拓展，一些欧洲国家抢占了美洲的土地，开始将非洲人运到美洲当奴隶，以满足开发农场或种植园的劳动力需求。奴隶制直到19世纪才被废除。非洲奴隶的后裔如今散布美洲各地。

艺术与建筑

537年：拜占庭皇帝查士丁尼一世（Justinian I）建造了美丽的圆顶圣索菲亚大教堂。15世纪时，教堂周围又增建了四座宣礼塔。

11世纪：贝叶挂毯描绘了法国诺曼底的威廉公爵征服英格兰的故事。

12—15世纪：西非的约鲁巴人（Yoruba）完善了青铜铸造技术，创作了细节丰富的雕塑和面具。

13—16世纪：南太平洋复活节岛的人们制作了巨大的石像，这些石像被称为摩艾（Moai）石像。

欧洲的文艺复兴
14—17世纪

14世纪，一场科学、艺术和文化的革命始于意大利，并蔓延到整个欧洲。印刷机在15世纪40年代被发明出来，它大大加快了书籍印刷的速度，使信息得以迅速传播。到了17世纪早期，望远镜的发明让天文学家们意识到，行星是绕着太阳运转的。大约也在那个时候，新的剧院建成了，威廉·莎士比亚（William Shakespeare）写出了他的戏剧剧本，戏剧的新时代开始了。

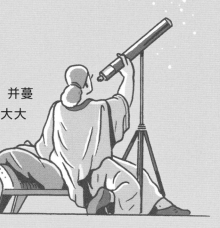

工业革命

在18世纪到19世纪期间，一个重大的变革发生了。它起源于英国，随后在欧洲和美国迅速传播，后来又扩散到世界各地。这就是工业革命，它改变了产品的制造方式，对人们的生活、工作、出行和消费方式产生了巨大影响。事实上，它奠定了通向现代世界的发展道路。

在此之前，大多数人居住在城镇或村庄里。他们或是在农场工作，或是在家里或当地的作坊里制作布料、鞋子、陶器等产品。随着蒸汽动力装置的发明和机器制造业的发展，企业主们开始在城市中建造起工厂。起初使用水轮机驱动，然后改由蒸汽机驱动。人们从农村进入纺织厂、玻璃厂、钢铁厂和制陶厂工作，城市化的进程开始了。

全速前进的蒸汽时代

工业革命始于几项新发明，其中之一是蒸汽机。18世纪末出现了最早的蒸汽动力船。1803年，理查德·特里维希克（Richard Trevithick）建造了一辆在铁轨上运行的蒸汽机车，由此发展出了后来的长途铁路。

更为坚固的新道路和新桥梁被建了起来，以便将原材料和产品运进、运出城市。

货物由新式蒸汽船通过海路在各国之间运输。

空气污染

工业革命的动力主要来自燃烧煤炭。随着越来越多的煤炭被燃烧，城市逐渐被烟尘污染。这影响了人们的健康，连墙壁和树干都变得乌黑。

工厂里的雇佣工人每天要干很长时间的活儿，通常每周要工作六天。有些孩子也要去做童工，而那些机器操作起来往往很危险。

原有城市空间无法应付城市的急速扩张，城市人满为患。工人们租住在狭小的房子里，生活环境拥挤而肮脏。

照明

有一种说法是，大约在1803年，美国罗得岛州安装了第一个使用煤气的路灯。科学家们还学会了利用电力。亚历山德罗·伏特（Alessandro Volta）在1800年发明了电池。不久之后，汉弗莱·戴维（Humphry Davy）展示了早期的电灯。

消费的力量

制造业的兴起意味着有更多的产品涌入市场。对财富的追求和对潮流的追赶也不再是超级富豪的专属。企业还会在报纸和广告牌上做广告，以刺激消费。

教育普及

印刷技术的进步使得更多的报纸和书籍得以出版发行。不断增多的工厂和企业需要招聘更多具有读写、计算能力的人。于是，政府开始提供免费教育。

科学技术

工业革命以及对电的使用，引发了新一轮的发明和发现。这将彻底改变世界，使各种事情变得更加快速便捷，例如日常工作、存储信息、远距离通信和交通运输。

在整个19世纪和20世纪初，发明家们对电和电路进行了试验，并设计出多种新的电气技术，产生了从灯泡到电视各种新发明。到20世纪中期，他们还开发了分立电路（由电子管等分立元件组成的电路），利用电路中的电流来控制信号，传输信息，从而推动了第一台电子计算机的诞生。

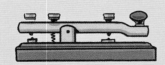

塞缪尔·莫尔斯（Samuel Morse）、阿尔弗雷德·韦尔（Alfred Vail）和约瑟夫·亨利（Joseph Henry）展示了他们的电报系统，他们使用长（画）和短（点）两种信号，即莫尔斯码来表示字母。

柯克帕特里克·麦克米伦（Kirkpatrick Macmillan）发明了脚踏自行车。

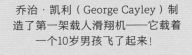

乔治·凯利（George Cayley）制造了第一架载人滑翔机——它载着一个10岁男孩飞了起来！

亨利·吉法尔（Henri Giffard）建造并驾驶了一艘充氢气的飞艇，依靠蒸汽动力的推进成功飞行。

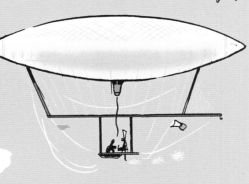

1837年·电报

1839年·自行车

1849年·滑翔机

1852年·蒸汽飞艇

1863年·地铁

1876年·电话

1879年·灯泡

1885年·汽车

1890年·电影

第一条使用蒸汽列车的地铁在英国伦敦开通。

几个发明家共同参与了电话的发明。

约瑟夫·斯旺（Joseph Swan）和托马斯·爱迪生（Thomas Edison）几乎同时发明了现代白炽灯泡。

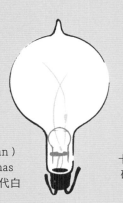

卡尔·本茨（Karl Benz）研制出了使用内燃机的第一辆现代汽车。

运输

发明家们还研究出许多新的交通方式，制造了第一辆自行车、现代汽车和最早的动力飞行器。在世界人口不断增长的情况下，这些发明可以使大量的人更快速地出行。

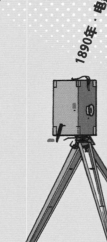

一种可以拍摄一系列帧来生成运动图像的电影摄影机被发明出来。

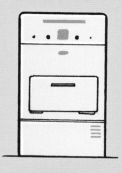

珀西·斯潘塞（Percy Spencer）发现电磁波可以用来加热和烹饪食物。

伊戈尔·西科斯基（Igor Sikorsky）使第一架单旋翼带尾桨的现代直升机升空。

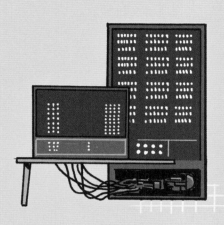

康拉德·楚泽（Konrad Zuse）开发的Z1是第一台可编程的电子计算机。

1945年·微波炉

1939年·直升机动力

1938年·可编程计算机

航空工程师弗兰克·惠特尔（Frank Whittle）发明了喷气发动机，这将使飞机速度大为增加。

1930年·喷气发动机

罗伯特·戈达德（Robert Goddard）发射了一枚高速液体燃料动力火箭，开辟了通向太空的道路。

1926年·现代火箭

1924年·电视

1903年·重于空气的动力飞行器

1900年·无线电波

约翰·洛吉·贝尔德（John Logie Baird）首次用无线电波传送运动的图像和声音。

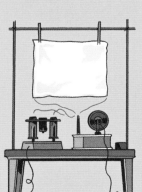

无线电波被发现后，它被用来传输编码信息，然后在1900年被用于传输声音。

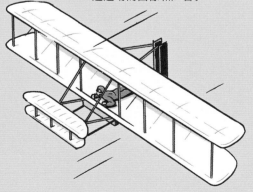

奥维尔·莱特和威尔伯·莱特（Orville and Wilbur Wright）两兄弟成功制造并驾驶了第一架发动机动力飞机。

战争中的世界

20世纪上半叶，两次大战震撼了全球，不过也大大加速了技术的发展。

第一次世界大战，1914年—1918年

第一次世界大战始于欧洲国家塞尔维亚和奥匈帝国之间的冲突，随后其他国家形成两大阵营，加入战局。新发明的飞机被改装并投入战争，第一架战斗机也出现了。

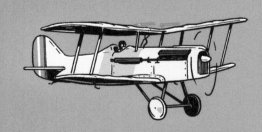

第二次世界大战，1939年—1945年

第二次世界大战是由德国领导人阿道夫·希特勒（Adolf Hitler）试图侵占欧洲其他地区引起的。这场战争涉及全球许多国家，以日本广岛和长崎的原子弹爆炸、日本无条件投降作为结束。

从20世纪40年代起，技术继续以惊人的速度发展。科学进步给我们带来了现代医学、机器人、射电望远镜和电子显微镜等新的研究成果。1953年，詹姆斯·沃森（James Watson）、弗朗西斯·克里克（Francis Crick）和罗莎琳德·富兰克林（Rosalind Franklin）解决了DNA如何对遗传信息进行编码，控制生命运转的难题。1969年，人类登上了月球。如今，我们生活在一个电子化的世界里，周围都是现代化的电子设备，我们的电子通信系统和卫星可以到达、扫描和测量地球的每一个角落。

随着电子技术的高速进步，计算机技术向着更小、更强、更实用发展。20世纪60年代，计算机专家开始研发将计算机联网以共享信息的方法。这些早期的网络发展成因特网和万维网，并在20世纪90年代得到广泛使用。

太空竞赛

太空竞赛是冷战期间的一段太空探索竞赛，当时美国和苏联竞相发射首个卫星和载人航天器。1969年7月，随着美国宇航员尼尔·阿姆斯特朗（Neil Armstrong）和巴兹·奥尔德林（Buzz Aldrin）成为首次在月球上行走的人类，太空竞赛达到顶峰。

20世纪70年代，国际合作的新局面打开了，许多国家在太空探索上相互协作。从1998年开始，多个国家联合建造国际空间站（ISS），并为其配备工作人员。ISS是绕地球轨道运行的最大的人造卫星。

人口爆炸
1945年至今

自史前时代以来，地球人口一直在增长，尤其在1945年以后，人口数量剧增，在2019年达到近80亿。目前，人口增长率已经放缓，可能在21世纪，人口会开始下降。

一个相互连接的世界

互联网让人们能在线购物和游戏，社交媒体的兴起则让用户可以与许多人分享信息和图片。21世纪初兴起的智能手机让人们可以随身携带一台迷你可联网的电脑，随时都能上网。

大气中的二氧化碳吸收并反射太阳的热量。

拯救我们的星球

20世纪60年代，一场环保运动开始了，越来越多的人意识到人类活动对地球及野生动物产生了各种危害。农场、城市和道路破坏了大片自然栖息地，过度捕捞和狩猎导致一些物种灭绝或濒危。工厂、电站、农场、车辆及包装的废弃物污染了水源、土地和大气。一些温室气体，如二氧化碳和甲烷，改变了地球的大气层，使其保留了更多太阳的热量，导致地球平均温度上升。这种温度的变化引起了全球气候模式的变化。

如今，国家和个人都在努力减少温室气体排放，改变货物运输和出行方式，用风能和太阳能等可再生能源取代化石燃料，尝试着遏制全球气候变暖，防止对地球造成更大的损害。

非洲热带雨林，因工业活动造成的砍伐而缩减。

索引

译者致谢：
感谢中国科学院南京地质古生物研究所季承副研究员、林巍助理研究员、贺一鸣博士和中国科学院紫金山天文台郑宪忠研究员在本书翻译中给予的帮助！

图书在版编目（CIP）数据

从开始到现在：万物简史 /（英）安娜·克莱伯恩著；（比）扬·范德维肯绘；谭超译. -- 福州：海峡书局，2023.7
书名原文：The History of Everything in 32 Pages
ISBN 978-7-5567-1112-3

Ⅰ.①从… Ⅱ.①安…②扬…③谭… Ⅲ.①宇宙一历史一少儿读物 Ⅳ.①P159-49

中国国家版本馆CIP数据核字(2023)第078009号

Text © 2019 Anna Claybourne
Illustrations © 2020 Jan Van Der Veken
Translation © 2023 Ginkgo (Shanghai) Book Co., Ltd.

The original edition of this book was designed, produced and published in 2020 by Laurence King Publishing Ltd., London under the title The History of Everything in 32 pages. This Translation is pusblished by arrangement with Laurence King Publishing Ltd. for sale/distribution in The Mainland (part) of the People's Republic of China (excluding the territories of Hong Kong SAR, Macau SAR and Taiwan Province) only and not for export therefrom.

本书中文简体版权归属于银杏树下（上海）图书有限责任公司
著作权合同登记号 图字：13-2023-065

出 版 人：林 彬
选题策划：北京浪花朵朵文化传播有限公司
出版统筹：吴兴元
编辑统筹：冉华蓉
责任编辑：林洁如 杨思敏
特约编辑：胡晟男
营销推广：ONEBOOK
装帧制造：默白空间·唐志永

从开始到现在：万物简史
CONG KAISHI DAO XIANZAI: WANWU JIANSHI
著　者：〔英〕安娜·克莱伯恩
绘　者：〔比〕扬·范德维肯
译　者：谭超
出版发行：海峡书局
地　址：福州市白马中路15号海峡出版发行集团2楼
邮　编：350004
印　刷：北京盛通印刷股份有限公司
开　本：787 mm×1092 mm 1/8
印　张：5
字　数：60千字
版　次：2023年7月第1版
印　次：2023年7月第1次
书　号：ISBN 978-7-5567-1112-3
定　价：72.00元

官方微博：@ 浪花朵朵童书
读者服务：reader@hinabook.com 188-1142-1266
投稿服务：onebook@hinabook.com 133-6631-2326
直销服务：buy@hinabook.com 133-6657-3072